图书在版编目（CIP）数据

人为什么要有头发？ / (瑞典) 安妮卡·赫定著；
(瑞典) 弗雷德里克·斯旺绘；徐昕译. -- 北京：海豚
出版社, 2020.8（2021.8重印）

ISBN 978-7-5110-5301-5

Ⅰ.①人… Ⅱ.①安…②弗…③徐… Ⅲ.①头发—
儿童读物 Ⅳ.①TS974.2-49

中国版本图书馆CIP数据核字(2020)第117972号

人为什么要有头发？

〔瑞典〕安妮卡·赫定 著
〔瑞典〕弗雷德里克·斯旺 绘
徐昕 译

出 版 人	王 磊
选题策划	联合天际
责任编辑	许海杰 李宏声
特约编辑	严 雪
装帧设计	浦江悦
责任印刷	于浩杰 蔡 丽
法律顾问	中咨律师事务所 殷斌律师

出 版	海豚出版社
社 址	北京市西城区百万庄大街24号 邮编：100037
电 话	010-68996147（总编室）
发 行	未读（天津）文化传媒有限公司
印 刷	天津联城印刷有限公司
开 本	16开（787mm×1092mm）
印 张	2.5
字 数	20千
印 数	6001-9000
版 次	2020年8月第1版 2021年8月第2次印刷
标准书号	ISBN 978-7-5110-5301-5
定 价	78.00元

未小读
UnRead Kids
和世界一起长大

未读CLUB
会员服务平台

人为什么要有头发？

〔瑞典〕安妮卡·赫定 著

〔瑞典〕弗雷德里克·斯旺 绘

徐昕 译

海豚出版社
DOLPHIN BOOKS
中国国际出版集团

由获得

瑞典设计金奖

的插画家绘制图画

一个奇特的身体部位

　　头发，有什么用呢？头上长着这么多没有太大用处的头发，我们还得梳头、洗头、打理它们。

头发其实就是我们人类的毛。它提醒我们，我们跟猴子其实是"一家"。

我们的毛主要长在头上，保护我们的脑袋不会受到太阳过多的关照。因此在日照强烈的国家，人们的头发会长得格外浓密。

我们可以用头发交流

头发可以表达我们内心的想法。很难想象，下面这四张图画的是同一个人。

还是这个发型最好!

那么，身体上的毛呢？

如果你仔细看的话，就会发现：我们全身都长着毛！细细软软的毛覆盖着我们的皮肤——除了手掌、脚底板和眼皮这些地方。

当我们长大后，胳膊下面和两腿之间会长出体毛。这些体毛能够帮助我们强化气味，将我们的体味散发得更远。

可是我不想散发体味。我会把这些体毛剃掉，再喷上香水。

胡子和胸毛的任务之一就是告诉我们，这是一个男人——如果有人分辨不出来的话。

眉毛的主要功能是阻挡汗液，不让它们流进眼睛里。

"啊，头发！"

很多人觉得头发很漂亮，但只限于它们长在头上的时候。一旦它们脱落下来，就会立刻变得很恶心。比如，当你在黄油上发现一根头发的时候——尽管它跟头上的那些没多大差别。

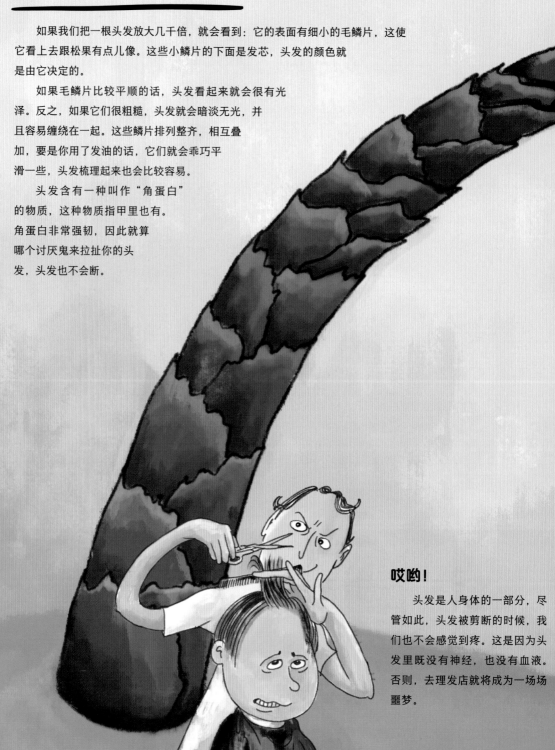

让我们凑近了看看……

　　如果我们把一根头发放大几千倍，就会看到：它的表面有细小的毛鳞片，这使它看上去跟松果有点儿像。这些小鳞片的下面是发芯，头发的颜色就是由它决定的。

　　如果毛鳞片比较平顺的话，头发看起来就会很有光泽。反之，如果它们很粗糙，头发就会暗淡无光，并且容易缠绕在一起。这些鳞片排列整齐，相互叠加，要是你用了发油的话，它们就会乖巧平滑一些，头发梳理起来也会比较容易。

　　头发含有一种叫作"角蛋白"的物质，这种物质指甲里也有。角蛋白非常强韧，因此就算哪个讨厌鬼来拉扯你的头发，头发也不会断。

哎哟！

　　头发是人身体的一部分，尽管如此，头发被剪断的时候，我们也不会感觉到疼。这是因为头发里既没有神经，也没有血液。否则，去理发店就将成为一场场噩梦。

你有多少根头发？

如果你有这个耐心去数，你可以一直数到100000——至少有10万根头发！

棕色头发的人
100 000

黑色头发的人
110 000

红色头发的人
86 000

金色头发的人
146 000

救命啊，头发掉了！

一根头发通常会持续生长 2—3 年，然后就将寿终正寝，从头上脱落下来。你每天会掉 100 多根头发，它们可能会粘在梳子或衣服上。不过头发在掉落的同时，也会有新的长出来。

卷发，还是直发？

从头上长出来的头发，可能是直的，可能是波浪形的，也可能是"羊毛卷"。你头发的形态是从你的父母那里或是你父母的父母那里遗传来的。

头发是在毛囊里成形的。毛囊就是包裹在头发根部的那个小小的囊。

毛囊直立时，头发就是直的。

毛囊倾斜时，就会长出波浪形的头发。

毛囊弯曲时，长出的头发也是卷曲的。

简单搞定

我们人类总是希望得到我们没有的东西。卷发的人梦想变成直发，直发的人梦想变成卷发。古往今来，人们想出了各种改变头发形状的技巧。

100 年前，人们习惯用一把加热的剪刀来卷头发。他们会先把剪刀架在火上，然后再把一束束头发卷到剪刀上。

晚安！

20 世纪 60 年代，很流行发卷——一种带刺的塑料筒。有时候，人们甚至会直接戴着发卷睡觉。那肯定很不舒服。

过去有些人还会用熨斗把头发熨直。

20 世纪 80 年代，有很多人烫发。发型师会利用发卷和化学药水来让卷发"经久不变"。甚至，遇到倾盆大雨也没事。

如今，我们可以买一种能把头发压平的夹板，这样就可以让头发变直了。

黑色、红色，还是绿色？

想象一下，你一出生就有一头粉色的头发！那样，你父母肯定会很惊讶。因为我们自然生成的头发颜色都是比较低调的，比如浅米色、棕色，或是黑色。

当然，我们也可以给头发改造改造，这样你就可以拥有蓝色的头发，或是彩虹色的头发了。

棕色是第二常见的发色。

黑色是世界上最常见的发色。

你有没有注意到，头发的颜色在夏天会发生变化？阳光的照射会让发色变浅。

长头发、短头发，还是不长不短的头发？

有些人的头发可以一直垂到屁股上。也有一些人的头发很短，短到看起来就像是头上的一个个小点一样。

如今，留短发的男人比女人要多。不过，也只是如今如此。头发的长短跟时尚潮流有关，而时尚潮流总是瞬息万变！

16 世纪，很多男人都留着长发。

19 世纪末，男人把头发剪短了。而女人则留起了长发，不过她们会把它盘起来。

20 世纪 80 年代，很多男人和女人是这个样子的。

20 世纪 20 年代，女人剪短了她们的长发，她们不在乎有些人觉得女人留短发很奇怪。大约同一时期，女性在瑞典获得了选举权。

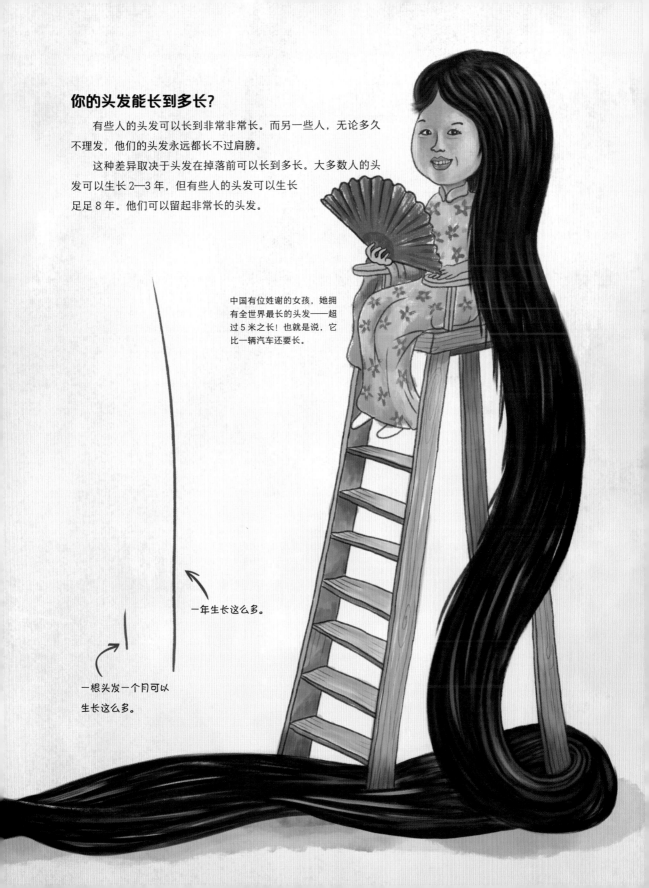

你的头发能长到多长？

有些人的头发可以长到非常非常长。而另一些人，无论多久不理发，他们的头发永远都长不过肩膀。

这种差异取决于头发在掉落前可以长到多长。大多数人的头发可以生长 2—3 年，但有些人的头发可以生长足足 8 年。他们可以留起非常长的头发。

中国有位姓谢的女孩，她拥有全世界最长的头发——超过 5 米之长！也就是说，它比一辆汽车还要长。

一年生长这么多。

一根头发一个月可以生长这么多。

"请叫我路易！"

在路易的王宫里工作着 40 名假发制造师。制作假发用的头发通常来自穷人，他们把头发卖了换钱。有时候，假发制造师也会使用马或水牛的毛发。

假发使人美丽

你觉得这个巨大的发型怎么样？拥有这个发型的是 17 世纪的法国国王路易十四世。不过，他的头发是假的——路易其实是个秃头。在他 19 岁的时候，一场疾病使得他的头发全掉光了。正是从那时起，他用起了假发。很多人想要效仿国王，拥有一顶巨大的假发成了一件非常时尚的事情，且兼具炫富的功能。

头发最后会变白……

不管我们的头发是金色的，还是黑色的，当我们年老的时候，几乎所有人的头发都会变成灰色或白色。有些人 20 多岁时就出现了第一根白头发，也有一些人要到 70 岁才会生出白发。

成年的雄性大猩猩也会长"白发"。银色的毛发显得它很强壮，能够保护整个群落。

用牛血和狗尿来让自己变美？

在过往几千年的历史中，人类找到了各种奇妙的方法来给自己的头发染色。有人曾用牛血来获得一种时髦的红棕色。而那些更想要金色头发的人，则会往头发上涂抹狗尿，再在太阳下坐上一会儿。这样头发就会褪色，变得浅一些。

头发的高度

没有哪个时代的头发能够达到 18 世纪 70 年代那样的高度，女人们的发型简直像露西亚节①上唱歌的男孩们戴的帽子那么高。那个时候，报社总会收到很多抱怨此事的信件——大家都没法去剧院看戏了！如果你恰巧坐在一个女人的后面，就别指望能看到除了"发型秀"之外的什么了。

① 瑞典纪念追求光明的圣女露西亚的节日。节日当天，扮演露西亚的女孩会身着白色长袍，束着红色腰带，头戴越橘叶做成的花冠，花冠上插着点燃的白色蜡烛，由两排手举蜡烛的伴娘和戴着尖尖帽子的星童唱着歌护送。——编者注

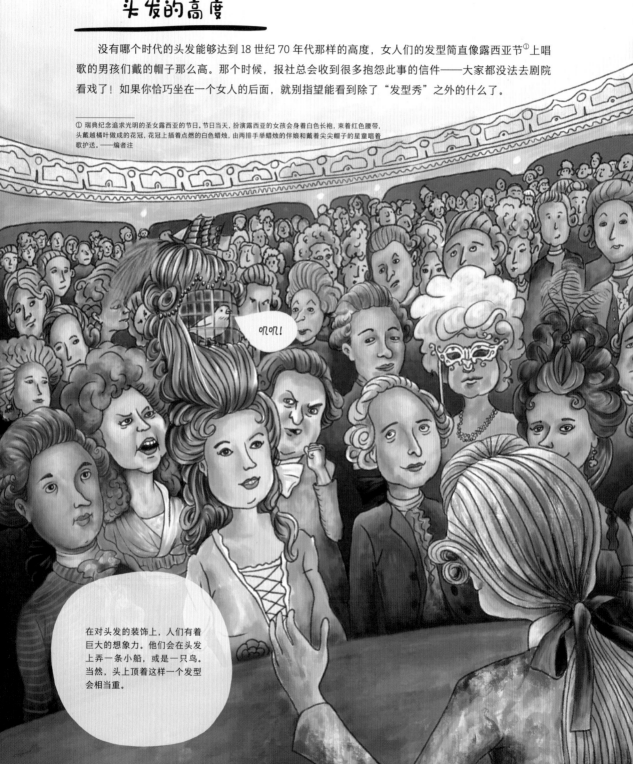

在对头发的装饰上，人们有着巨大的想象力。他们会在头发上弄一条小船，或是一只鸟。当然，头上顶着这样一个发型会相当重。

头发上的面粉

如今，我们觉得有光泽的头发很漂亮。但在18世纪，人们并不这么认为。那时，人们会往头发上喷撒面粉或是滑石粉，好让头发变得蓬乱。有时候，他们还会往粉末里加些颜色，比如粉色或是蓝色。

为了能将这些粉末固定在头发上，他们会先往头发上涂抹油脂。但这样过上一段时间后，头发的气味就会非常难闻。因此，他们还会往头发上喷洒香水。

面粉或滑石粉等粉末会被喷到空气中，以便它们能够均匀地落到头发上。

如果有些粉末落到了衣服上，人们只会觉得很好看。你看到这件大衣上"好看"的白点了吗？

假发里的吱吱声

涂过油脂、撒过面粉的假发会把老鼠吸引过来。因此，夜里有些人会在假发周围放上捕鼠器。据说有人在戴假发的时候，就遇到过从里面跳出来的老鼠。

洗发时刻

　　有时候，我们不得不洗头发，不然它们就会变得黏糊糊的。因为从发根处会生出油来，这些油会缓缓地扩散到发丝上，使它们每天都变得更油腻一点儿。

　　头发变油腻的速度有多快，取决于发根出了多少油。十几岁的时候洗头发通常需要更勤快一些。

今天我们用洗发水来清洗头发。洗发水能溶解掉头发上的油脂，以及粘在头发上的冰激凌和其他杂物。

"香波"（洗发水）这个词来源于印地语，意思是"按摩"。

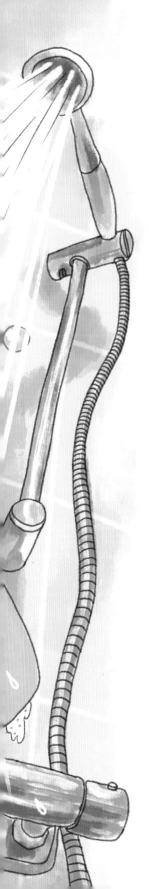

那在洗发水发明之前呢？

古往今来，为去除头发上的油脂，人们发明了很多巧妙的方法：

有人会往头发上倒奶牛的尿，那里面含有能去除油脂的氨。不过，它的气味很刺鼻。

通过把头发浸在酒精里的方式，去除油脂。

往头发上撒面粉也是一记妙招，面粉是当之无愧的吸油小能手。如今，人们在商店里可以买到一种免洗洗发粉，它的作用原理和面粉是一样的。

19 世纪末，人们开始用肥皂或香皂来洗头发。

很多人一点儿也不在乎"洗头"这件事。也许，他们更喜欢油腻腻的头发，而不是有酒精或牛尿味的头发？

发型展示

来编顶有帽舌的帽子？

在后脑勺留个八字须？

来一对鹿角？

为什么不弄个海星造型呢？

如果你一直不梳头的话，头发就会缠绕在一起，变成粗粗的"香肠"，和"脏辫"那种发型差不多。

弄架直升飞机？

16 世纪，人们喜欢编辫子，还会在上面缠上珍珠和项链。

瑞典国王埃里克十四世将他的一整片大胡子生生拆散成了"牛郎和织女"。

这个发型叫作"直升机停机坪"。头发的顶端是平的，就像是直升飞机可以在上面着陆一样。

如果你想要打造出钉子一般的发型，可以涂上高黏性的发蜡，把头发往各个方向拉抻。

瑞典国王卡尔九世把自己头顶稀疏的头发梳成了一个十字型。

杂乱的刘海在 20 世纪 80 年代很时髦。

如果你想要一个鸡冠造型，可以将两边的头发全剃掉，让剩下的头发立起来。当然，这需要耗费很多发胶！

这个迪斯科爆炸头发型被称为"麦克风情人"。头发蓬蓬的，就像是一支麦克风。

理发用的剪刀格外锋利，价值好几千克朗①。每一位理发师都有自己的专属剪刀。

桌子上放着有关服饰和明星的杂志。

有时候头发理完的效果跟我们之前想象的很不一样……这种感觉如鲠在喉，想哭却又哭不出来。

理发师的腰上会挂一个皮套，里面装着剪刀、梳子、剃刀和其他工具。

理完发之后，你也可以要求往头上喷一点儿彩色喷雾。

理发师们都很善于为自己的发廊取一些有趣的名字。你想去下面这些发廊理发吗？

梳吧　　　女孩与刘海

发型星座　头上作品　　魔发屋

剪刀&吹风机　　辫子搬运工

升降椅可以调节高低。小孩子也可以再垫一只垫子，这样会更高一些。

①瑞典的货币单位。——译者注

救命，好痒啊！

如果感觉头发痒，可能是有这样的小东西在里面捣乱。
（实际大小的它们看起来要可爱一些……）

有些人觉得长虱子很尴尬。这未必就说明你不讲卫生，你很可能是在跟别人拥抱的时候被传染上虱子的。

长了虱子会奇痒难忍，这是因为它们会咬你的发根。它们在你的脑袋上爬来爬去，用小小的爪子紧紧地抓着你的头发。

虱子最喜欢待的地方是你的耳朵后面和颈部。它们会在那里产卵，这些卵看起来就像是头发上的一个个小白点。

虱子你好！

虱子喜欢待在离温暖的发根比较近的地方，以便吸血，所以它们不会主动爬到帽子或是梳子上。不过你可以想象，它们从一个人的头上爬到另一个人的头上。

虱子再见！

药店里有除虱型的洗发水和喷雾剂。它们中有些能让虱子窒息而亡，有些是利用毒素以毒攻虱。

几千年来，人们习惯用一种梳齿很密的梳子来"抓"虱子，之后再用指甲把它们掐碎。

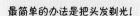

最简单的办法是把头发剃光！